Bibliografische Information der Deutschen Nationalbibliothek:

Die Deutsche Bibliothek verzeichnet diese Publikation in der Deutschen Nationalbibliografie; detaillierte bibliografische Daten sind im Internet über http://dnb.d-nb.de/ abrufbar.

Impressum:

Druck und Bindung: Books on Demand GmbH, Norderstedt Germany
ISBN: 9783668846814

Dieses Buch bei GRIN:

https://www.grin.com/document/450122

Sabrina Daners

Kennenlernen der Nährstoffe im Überblick anhand der Methode des Gruppenpuzzles (Biologie, 10. Klasse)

GRIN Verlag

Unterrichtsentwurf

im Fach Biologie

am Studienseminar Mönchengladbach

Referendarin:

Schule:

Lerngruppe: Wahlpflichtfach Naturwissenschaften Kurs 10

Datum: Mittwoch; 25.Oktober 2006

Zeit: 3./4 Stunde (10:05 Uhr – 11:40 Uhr)

Fachleiterin:

Hauptseminarleiterin:

Ausbildungskoordinatorin:

Ausbildungslehrerin:

Schulleiter:

Thema der Unterrichtsreihe:

Gesundheitserziehung unter dem Aspekt Ernährung

Thema der Unterrichtsstunde:

Kennen lernen der Nährstoffe im Überblick anhand der Methode des Gruppenpuzzles

Einordnung der Stunde in die Unterrichtsreihe:

Thema der ersten Unterrichtseinheit (Doppelstunde):

Welcher Frühstückstyp bin ich? Eigene Essgewohnheiten in den frühen Stunden

Thema der zweiten Unterrichtseinheit (Einzelstunde):

Wer bestimmt was wir essen?

Thema der dritten Unterrichtseinheit (Doppelstunde):

Erarbeitung des Ernährungskreises

Thema der vierten Unterrichtseinheit (Einzelstunde):

Ernährungskreis und eigene Essgewohnheiten

Thema der fünften Unterrichtseinheit (Doppelstunde):

Kennen lernen der Nährstoffe im Überblick anhand der Methode des Gruppenpuzzles

Thema der sechsten Unterrichtseinheit (Einzelstunde):

Auswertung des Lernwettkampfes (Gruppenpuzzle)

Thema der siebten Unterrichtseinheit (Doppelstunde):

Energiebereitstellung und Energieumsatz im Körper

Thema der achten Unterrichtseinheit (Einzelstunde):

Energieverbrauch im Alltag und im Sport

Thema der neunten Unterrichtseinheit (Doppelstunde):

Diäten und Krankheiten

Thema der zehnten Unterrichtseinheit (Einzelstunde):

Besuch einer Ernährungsberaterin (oder Rollenspiel)

Thema der elften Unterrichtseinheit (Doppelstunde):

Gemeinsames Kochen

Hauptanliegen/Schwerpunkt der Unterrichtsstunde

Das Hauptanliegen der Reihe liegt in der Auseinandersetzung mit dem Gegenstand Ernährung. Die Schülerinnen und Schüler sollen sich ihrer eigenen Essgewohnheit bewusst werden und sich mit Fehlernährungen auseinandersetzen. Schließlich sollen sie durch Aneignung von Fachwissen Kompetenz erhalten in Diskussion zum Thema Ernährung oder Diäten sachverständlich argumentieren zu können. Das Ziel dieser Unterrichtseinheit muss auf einer langfristigen Verhaltensänderung in Richtung einer vollwertigen Ernährung liegen.

In der Lehrprobenstunde geht es darum, wichtige Erkenntnisse über die Nährstoffe in Gruppen zu erarbeiten. Mit dem Wissen über die Nährstoffe soll eine Basis für die darauf folgenden Stunden geschaffen werden. Des Weiteren soll durch Gruppenarbeit die Kommunikation und Kooperation in der Klasse gestärkt werden.

Lernziele

Das Grobziel der Stunde liegt zum einen in der Wissensaneignung. Die Schülerinnen und Schüler sollen die verschiedenen Nährstoffe und ihre Bedeutung für den menschlichen Körper kennen lernen. Dadurch erweitern sie ihre Allgemeinbildung und können gegebenenfalls Gelerntes in ihren Alltag mit einbeziehen. Schließlich soll Ihnen durch den Comic die Wichtigkeit der richtigen Lebensmittelzusammensetzung bewusst gemacht werden.

Durch die Arbeit in Gruppen soll zum anderem die soziale Kompetenz der Schülerinnen und Schüler gestärkt werden. Die Auseinandersetzung mit den Lesetexten und der Austausch in Gruppen fordern die Schülerinnen und Schüler zu einer systematisierten Arbeit auf. Sie müssen in der Lage sein, wichtiges aus dem Text von weniger wichtigem zu unterscheiden, um so eine reduzierte Wiedergabe leisten zu können. Da die Schülerinnen und Schüler in der Stammgruppe alleiniger Experte für ihren Nährstoff sind, soll das Verantwortungsbewusstsein gegenüber der Gruppe gefördert werden.

Lernausgangslage

Seit Mitte September 2006 unterrichte ich diesen Kurs. Aus terminlichen Gründen kann ich diesen Kurs nur zwei Stunden die Woche unterrichten, die Einzelstunde übernimmt die Ausbildungslehrerin. So findet ein kontinuierlicher Wechsel der Lehrpersonen statt, woran sich die Schülerinnen und Schüler noch gewöhnen müssen.

Insgesamt besuchen 16 Jungen und 10 Mädchen das Wahlpflichtfach Naturwissenschaften. Das Verhältnis unter den Schülerinnen und Schülern scheint gut zu sein. Die Einstellung gegenüber dem Reihenthema ist sehr unterschiedlich. Einige Mädchen sind mit großem Interesse und Motivation dabei und besitzen vereinzelte Vorkenntnisse. Das Leistungsverhältnis in diesem Kurs ist für mich noch schwer einzuschätzen. Trotzdem sind mir bereits bestimmte sehr engagierte Schülerinnen und Schüler aufgefallen, die sich im Gegensatz zu sehr stillen Schülern hervortun. Die Lernbereitschaft liegt höher, wenn man die Schülerinnen und Schüler mit Aufgaben beschäftigt. Das Arbeiten in Stillarbeit und/oder in Gruppen funktioniert gut. Die Sicherungsphase im Plenum oder das einfache zuhören können, fällt noch schwer. Die Methode des Gruppenpuzzles ist den Schülerinnen und Schülern so noch nicht bekannt, weshalb eine kleine Einführung vorgenommen werden muss. Arbeitsanweisungen müssen in diesem Kurs klar formuliert und gegebenenfalls mehrmals wiederholt werden, um Unklarheiten zu vermeiden. Aufgrund der Gruppenarbeiten an

Gruppentischen wurde der Raum gewechselt, da der Biologieraum diese Möglichkeiten nicht bietet.

Didaktisch-methodischer Kommentar

Das Unterrichtsvorhaben dieses Wahlpflichtfaches Naturwissenschaften findet sich in den Richtlinien und Lehrplänen für die Sekundarstufe I – Gesamtschulen in Nordrhein-Westfalen unter dem Rahmenthema Gesundheit und Krankheit für die Klassen 9 und 10 wieder. Die Schülerinnen und Schüler sollen im Rahmen einer zeitgemäßen Gesundheitserziehung grundlegende Informationen über eine bedarfsgerechte Ernährung erhalten. Der Bereich der Ernährung ist in der heutigen Gesellschaft von großer Bedeutung. Die Auswirkungen einer Fehlernährung in Form von Überernährung oder Mangelernährung treten in unserer Zeit gehäuft auf. Schon Kinder setzten sich mit der Thematik auseinander. Viele eifern dem aktuellen Schönheitsideal, extrem dünn zu sein nach. Dies kann schwerwiegende Folgen haben. Es fängt mit Mangelerscheinungen an, geht weiter mit schädlichen Stoffen im Blut und kann im extremsten Fall zu Bulimie und Magersucht führen. Aus diesen Gründen ist die Entscheidung für eine Unterrichtsreihe im Bereich der Ernährung für mich ein großes Anliegen. Schüler müssen Hintergrundwissen über die Grundbausteine der Nahrungsmittel besitzen. Sie müssen wissen, in welchen Lebensmitteln, welcher Nährstoff enthalten ist, welche Funktionen dieser Nährstoff im Körper erfüllt, in welchen Mengen man ihn aufnehmen sollte und welche Folgen ein Mangel oder ein Zuviel nach sich ziehen kann. Sie sollen sich bewusst mit ihrer eigenen Ernährung auseinandersetzen, diese kritisch mit ihrem neu erworbenen Fachwissen reflektieren und eventuell umstellen. Man kann davon ausgehen, dass die Schülerinnen und Schüler aus aktuellem Anlass an der Thematik interessiert sind. Gerade Informationen über Diäten und Ernährungskrankheiten werden bei den Schülerinnen und Schülern auf Zustimmung stoßen. Die Kenntnis über die Nährstoffe dient hierbei als Grundlage und Voraussetzung.

Das Gruppenpuzzle als Methode eignet sich hier gut, um das Wissen über die Nährstoffe zu erarbeiten. Das Gruppenpuzzle ist eine einfache und recht bekannte Form des kooperativen Lernens. Sein Grundprinzip lautet »Lernen durch Lehren«. Die Methode basiert auf der Annahme, dass sich derjenige, der vor der Aufgabe steht, Wissen weiterzuvermitteln, nachhaltiger und grundsätzlicher mit diesem Wissen auseinandersetzt. Das Gruppenpuzzle dient nicht nur dem Erwerb von Faktenwissen und Fertigkeiten, sondern vor allem dem Verstehen von Zusammenhängen und insbesondere dem sozialen Lernen: Niemand ist in der Lage, das Puzzle zusammenzusetzen, ohne den Beitrag anderer. Somit fördert es die Kommunikation und Kooperation innerhalb einer Gruppe auf eine besondere Weise. Die

Selbstständigkeit wird dadurch gestärkt, dass die Sicherung der Ergebnisse von den Schülerinnen und Schülern vorgenommen wird. In den Erarbeitungsphasen werde ich nur beratend bei Fragen und Problemen zur Seite stehen und mich ansonsten zurück halten. Schließlich wird durch die Abhängigkeit der Stammgruppenmitglieder zueinander das Verantwortungsbewusstsein gefördert.

Da sich die Schülerinnen und Schüler ihr Wissen selbstständig aneignen müssen, spielen bei dieser Methode gute Arbeitsmaterialien eine große Rolle. Eine Reduktion und Systematisierung der Lesetexte ist hier unumgänglich. Die Lesetexte über die Nährstoffe wurden von mir aus diversen Lehrbüchern und Internetseiten zusammengestellt. Es wurde auf Textlänge, schülergerechte Sprache und Vermeidung zu vieler neuer Fachbegriffe geachtet, da diese aufgrund der Menge an neuen Informationen den Lernprozessen behindern könnten. Die Texte liefern nur bestimmte Informationen zum jeweiligen Nährstoff. Um eine komplette Darstellung eines Nährstoffes zu gewinnen, ist ein Austausch in den Expertenrunden nötig, da jeder Expertentext ein wenig von den anderen Texten abweicht und einige andere Aspekte enthält. Zur Sicherung der Informationen habe ich ein großes Übersichtsblatt entworfen. Dieses habe ich vorher bewusst strukturiert, damit das Ausfüllen dieses Arbeitsblattes leichter fällt und hier nicht zu viel Zeit verloren geht. Um zu gewährleisten, dass die Schülerinnen und Schüler genügend Platz für ihre Einträge haben, habe ich dieses Arbeitsblatt in DIN A3 kopiert.

Damit die Schülerinnen und Schüler zügig und konzentriert arbeiten können, erkläre ich das Vorhaben der Stunde zu Beginn. Zur Einführung wird die Methode des Gruppenpuzzles anhand einer Folie erläutert. Die Transparenz stelle ich durch klare Arbeitsanweisungen sicher. Ich nehme die Gruppeneinteilung absichtlich selber vor, um gemischte Gruppen zu arrangieren und Zeit zu sparen.

Als Einstieg habe ich einen problemorientierten Ansatz gewählt. Durch den Comic sollen die Schülerinnen und Schüler animiert werden, sich über die Problematisierung des Gegenstandes Gedanken zu machen. Der Comic soll einen Disput bewusst machen und regt zur Diskussion an. Die Kontroverse soll die Schülerinnen und Schüler unmittelbar angehen oder sie sollen diese als Problem anderer nachvollziehen können. Aufgrund fehlender fachlicher Informationen für einen schlüssigen Argumentationsgang sollen die Schülerinnen und Schüler angeregt und motiviert werden, diese Wissenslücken füllen zu wollen.

Alternativ zu diesem Einsteig hätte ich bestimmte Lebensmittel mitbringen können und mich nach Inhaltsstoffen erkundigen. Da der Ernährungskreis jedoch schon thematisiert wurde, würde sich in diesem Falle keine besondere Herausforderung für die Schülerinnen und Schüler ergeben. Mit dem Ansatz den ich gewählt habe, kann am Ende der Stunde ein Bogen geschlagen werden. Der Comic wird noch einmal thematisiert und neue, in der Stunde erarbeitete Erkenntnisse können dazu beitragen, die dargestellten Ernährungsformen zu kritisieren oder zu unterstützen.

Da das Zeitmanagement in einer Doppelstunde stimmen muss und man für eventuelle Schülerreaktionen offen sein sollte, muss ich spontan planen können. Wenn es die Zeit aufgrund angeregter Diskussionen zum Gegenstand des Comics nicht mehr zulässt, werde ich den Lernwettkampf nicht durchführen, sondern mich auf dieses Gespräch konzentrieren. Wenn jedoch noch Zeit bleibt werde ich den Lernwettkampf einsetzen. Dabei spielt es keine Rolle, ob es sich um 15 oder 10 Minuten handelt. Der Lernwettkampf, bewusst nicht Test genannt, dient zur Überprüfung des Wissenstandes der Schülerinnen und Schüler für den Lehrer und für sie selbst. Vor seiner Durchführung muss den Schülerinnen und Schülern jedoch klar sein, dass es nicht darum geht alle Fragen beantworten zu können, sondern „nur" möglichst viele Punkte für sein Team zu holen. Es geht nicht um den Einzelnen, sondern um die Gesamtpunktzahl der jeweiligen Stammgruppe. Ich habe sehr viele Fragen formuliert, damit die Schülerinnen und Schüler viele Möglichkeiten haben, Punkte zu sammeln. Es könnte jedoch passieren, dass die Schülerinnen und Schüler dieses Prinzip nicht sofort verstehen und es deshalb zu Überforderungen kommen kann.

Weitere Schwierigkeiten könnten beim Zusammenfassen der Informationen auftreten, wenn die Schülerinnen und Schüler sich nicht an den Zeitrahmen halten. Es fällt ihnen häufig schwer nur das Wesentliche aus einem Texte heraus zuschreiben, was dazu führen könnte, dass sie mit der straff verplanten Zeit nicht hinkommen. Anderseits könnten sich Probleme ergeben, wenn einzelnen Schülerinnen oder Schülern die Kompetenz fehlt, ihren Stammgruppenmitgliedern die Inhalte des Textes zu vermitteln. Schließlich muss ich bedenken, dass die Klasse aus 26 Schülerinnen und Schülern besteht, das Gruppenpuzzle jedoch auf fünf 5er-Gruppen ausgerichtet ist. Wenn eine Schülerin oder ein Schüler „zuviel" ist, ist das weniger kompliziert, als wenn gleich zwei Schülerinnen oder Schüler nicht anwesend sind. Eine Stammgruppe aus 6 Mitgliedern stellt kein all zu großes Problem dar. Hier würden dann zwei Experten einen Nährstoff beitragen. Wenn jedoch Schülerinnen oder Schüler fehlen, ist eine Stammgruppe nicht komplett. Hier müsste ich als Experte einspringen und den entsprechenden Nährstoff in der dritten Phase des Gruppenpuzzles beitragen.

Thema der Reihe: Gesundheitserziehung unter dem Aspekt Ernährung
Thema der Stunde: Kennen lernen der Nährstoffe im Überblick anhand der Methode des Gruppenpuzzles

Phasen	**Inhalte/Vorgehen**	**Aktionsformen**	**Medien/ Material**	**Funktion der Phase/didaktischer Kommentar**
Einstiegsphase	- Begrüßung und Vorstellen der Gäste - Folie „Comic“ auflegen - Lehrer: „*Schaut euch diesen Comic einmal mal an und lest ihn euch durch*!“ - SchülerInnen äußern sich zum dargestellten Comic - Überleitung zum Thema - Lehrer: „*Damit wir hier besser argumentieren können, wäre es sicherlich angebracht, wenn wir uns vorher genauer über die verschiedenen Nährstoffe informieren.*“ -	*Geleitetes Lehrer-Schüler-Gespräch*	OHP Folie „Comic“	- Durch den Comic sollen die SchülerInnen animiert werden, sich über die Problematisierung des Gegenstandes Gedanken zu machen. - Neugierde und Motivation sollen so geweckt werden
Einleitung zur Arbeitsphase	- Lehrer erklärt weiteres Vorgehen: „*In dieser Stunde werdet ihr euch näher mit den verschiedenen Nährstoffen beschäftigen und euch gegenseitig erklären, was es damit auf sich hat*“ - „*Welche Nährstoffe müssen wir denn dann bearbeiten?*“ - SchülerInnen zählen Nährstoffe auf - Lehrer schreibt diese an die Tafel	**Lehrervortrag** Schüler-Lehrer-Gespräch	 Tafel	- Thema der Stunde soll deutlich werden
Einleitung zur Arbeitsphase	**Methode des Gruppenpuzzles** - Lehrer erklärt anhand von Folien das Gruppenpuzzle und den Arbeitsauftrag - Lehrer gibt noch wichtige Hinweise für die Bearbeitung der Texte: → zügig und konzentriert arbeiten, Stichworte, da Zeit knapp → mit dünnem Bleistift auf das große Arbeitsblatt schreiben → nur wenig Platz auf dem Arbeitsblatt, relativ klein schreiben und nur das wichtigste notieren!	Lehrervortrag	Folie „Gruppenpuzzle“ Folie „Arbeitsauftrag“	- Die Vorgangsweise und das Ziel des Gruppenpuzzles soll den SchülerInnen transparent werden - Klare Erläuterung der Arbeitsanweisung soll den Prozess vereinfachen und Zeit einsparen

Phasen	Inhalte/Vorgehen	Aktionsformen	Medien/ Material	*Funktion der Phase/didaktischer Kommentar*
Gruppenein-teilung	- Lehrer teilt die Gruppen durch abzählen ein - Alle 1er, 2er, 3er, 4er und 5er bilden jeweils eine Stammgruppe - Gruppentische werde von SchülerInnen zusammengestellt	Gruppenbildung Gruppentische		- abzählen ermöglichst durchmischte Gruppen
1.Erarbeitungs-phase	- SchülerInnen sitzen in Stammgruppe zusammen - Austeilen der Lesetexte - SchülerInnen bearbeiten in Stillarbeit den jeweiligen Lesetext	Einzelarbeit	Lesetexte	- selbstständige Erschließung eines wissenschaftlichen Textes - Reduktion der Inhalte
2. Erarbeitungs-phase	- SchülerInnen begeben sich in die Expertengruppen - Austeilen des Arbeitsblattes „Nährstoffe in der Übersicht" - Die Schüler bekommen den Hinweis durch die Arbeitsanweisung, dass die spätere Weitergabe der Informationen innerhalb der Stammgruppe nicht länger als höchstens 5 Minuten pro Person dauern darf	Gruppenarbeit	Arbeitsblatt „Nährstoffe in der Übersicht"	- So wird die Kooperation und Kommunikation innerhalb der Gruppe gefördert - Abermalige Reduktion auf die wichtigsten Aspekte
Vermittlung innerhalb der Stammgruppe / Sicherung	- SchülerInnen begeben sich in ihre ursprünglichen Stammgruppen - Experten geben ihre Informationen an ihre Stammgruppenmitglieder weiter - Diese Informationen werden auf dem Arbeitsblatt „Nährstoffe in der Übersicht" von jedem Schüler gesichert	Gruppenarbeit	Arbeitsblatt „Nährstoffe in der Übersicht"	- Die Experten übernehmen die Verantwortung für ein korrektes Vermitteln der erarbeiteten Informationen - Förderung der Kooperation und Kommunikation - Sicherung des Gelernten
Reflexion Abrundung der Doppelstunde	- Die Folie „Comic" vom Anfang der Stunde wird aufgelegt - SchülerInnen sollen erneut Aussagen zu der im Comic dargestellten Diskussion machen	Lehrer-Schüler-Gespräch	Folie „Comic"	- Es soll ein Bogen zum Anfang der Stunde geschlagen werden. - Die SchülerInnen können nun kompetenter über das vorherige Problem diskutieren und Aussagen widerlegen oder bestätigen.
	- Die SchülerInnen stellen die Tische um, so dass diese wieder an ihrem ursprünglichen Platz stehen und nehmen ihren ursprünglichen Platz vom Anfang der Stunde ein.			- Ausgangslage für den „Lernwettkampf" schaffen, damit die SchülerInnen einer Stammgruppe nicht nebeneinander sitzen

phase	- Ein Fragebogen zu den Nährstoffen wird verteilt - Lehrer gibt noch kurze Informationen zum „Lernwettkampf“ (liest Arbeitsanweisung vor und macht darauf aufmerksam, dass es nicht darum geht, alle Fragen zu beantworten, sonder so viele Punkte wie möglich für sein Team zu erreichen)			Wissenstandes der SchülerInnen - Der Fragebogen dient den SchülerInnen als Selbstkontrolle über ihren Lernstand

• Literatur und Internetseiten

- Ministerium für Schule und Weiterbildung, Wissenschaft und Forschung des Landes NRW. Richtlinien und Lehrpläne für die Sek. I. Gesamtschule. 1. Auflage. Düsseldorf 1999
- Lehrbuch Biologie Natur plus 7-10 Klasse, Schroedel (2002)
- Lehrbuch Biologie 3, Realschule Nordrhein-Westfalen, Cornelsen (1996)
- Bundeszentrale für gesundheitliche Aufklärung, Ernährung und Gesundheit Materialien für 5.-10. Klassen
- www.wikipedia.de
- www.dasan.de/refo11/Material/SE_Prag/Buhren/Uebungen%20Kap%206.doc
- http://www.novamex.de/intro/intro3.html
- http://www.livol.de/vitamin_b12.html

• Anhang

- Folie „Comic“
- Folie „Gruppenpuzzle“
- Folie „Arbeitsauftrag“
- Arbeitsblatt „Nährstoffe in der Übersicht“
- Fragen zum Lernwettkampf

Neulich in der Cafeteria

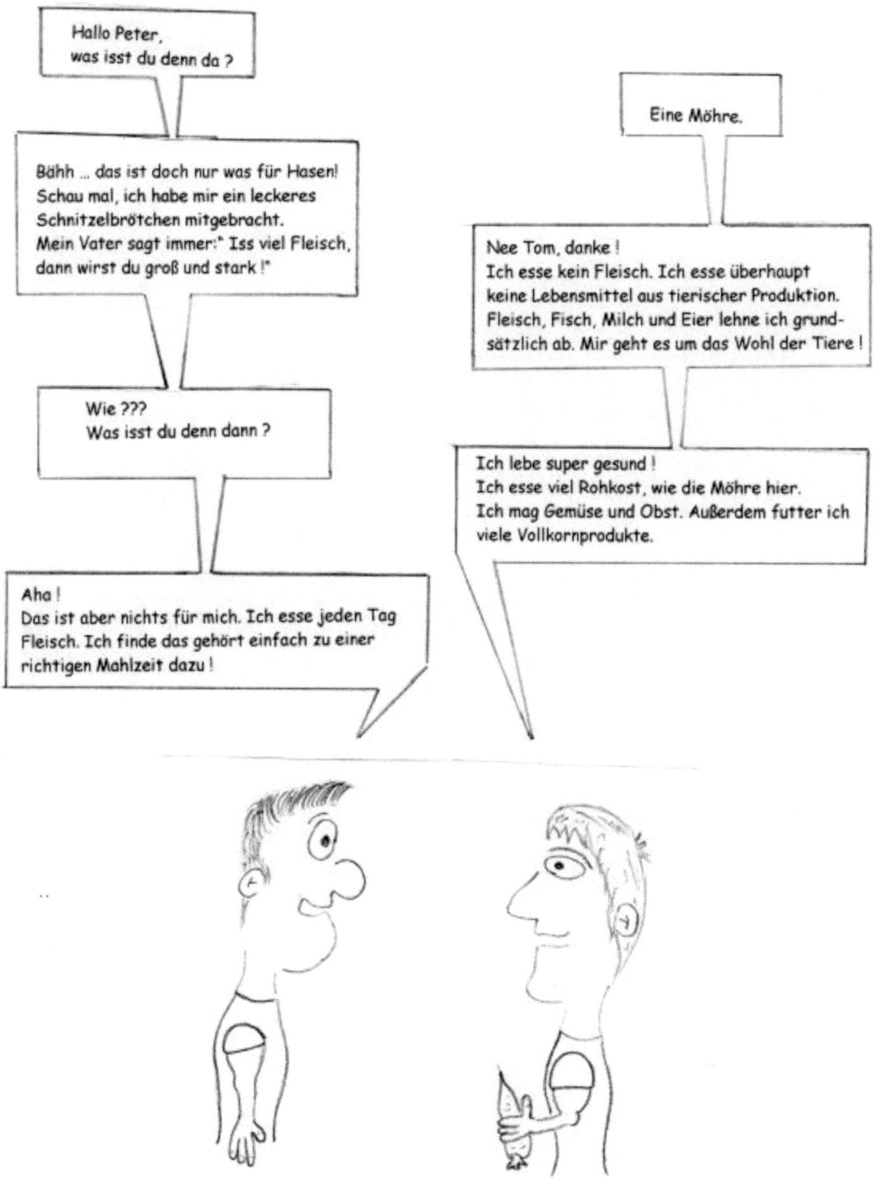

Was meinst du?

Gruppenpuzzle

Stammgruppe

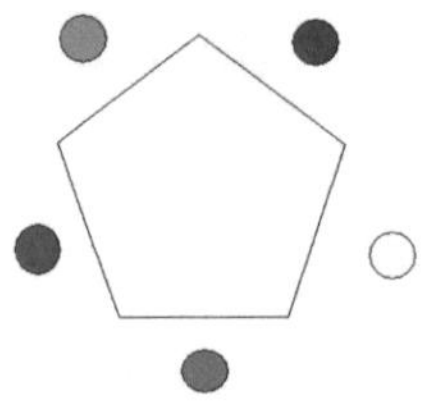

Expertenrunde

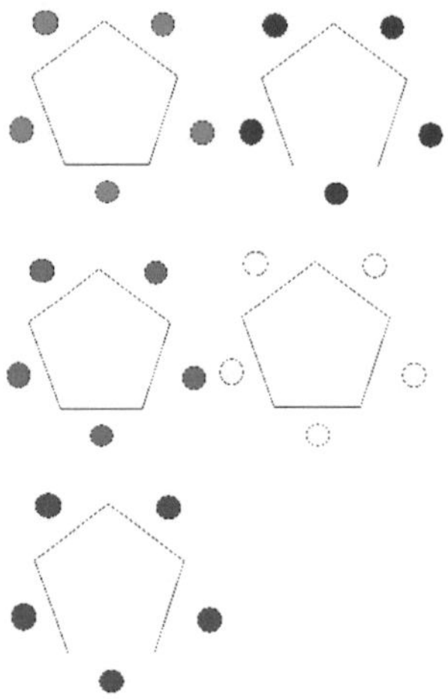

Stammgruppe

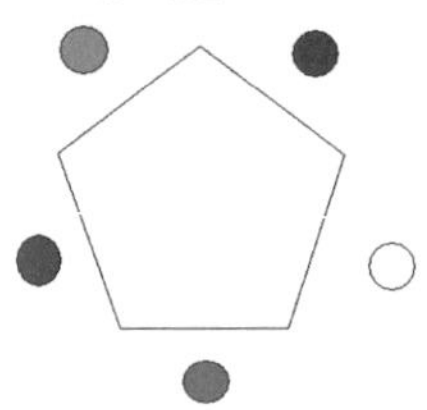

Arbeitsauftrag

1. Phase [ca. 10 Minuten]

→ Lest euch den Text genau durch, markiert wichtige Aspekte und macht euch Notizen!

2. Phase [ca. 25 Minuten]

→ Jeder aus der Runde berichtet über seinen Text. Fasst die Informationen über euren Nährstoff gemeinsam zusammen und tragt diese in das große Arbeitsblatt „Nährstoffe in der Übersicht“ ein!

3. Phase [ca. 20 Minuten]

→ Tauscht euch in eurer Stammgruppe über die verschiedenen Nährstoffe aus, klärt mögliche Fragen und füllt das große Arbeitsblatt aus.

Lernwettkampf: Fragen zu den Nährstoffen

Versuche so viele Fragen, wie möglich richtig zu beantworten. Stichworte sind erlaubt.

Halte dich nicht zu lange an einer einzelnen Frage auf.

Ziel ist es, viele Punkte für die Stammgruppe zu holen. Achte auf die Punktevergabe der Aufgaben.

Schreibe trotz Zeitdruck leserlich!

1. Was bedeutet essenziell? (4 Punkte)

2. Woraus bestehen Fette? (2-4 Punkte)
3. Welche Funktionen haben die Nahrungsfette? (1-6 Punkte)
4. Wo wird Fett gespeichert? (2 Punkte)
5. Nenne höchstens 4 Nahrungsmittel, in denen viel Fett enthalten ist! (1-4 Punkte)
6. Nenne eine essenzielle Fettsäure! (5 Punkte)

7. Nenne einen Einfachzucker? (4 Punkte)
8. Nenne einen Vielfachzucker! (4 Punkte)
9. Welche Funktionen haben Kohlenhydrate? (1-3 Punkte)
10. In welchen Nahrungsmitteln kommen Kohlenhydrate hauptsächlich vor? Nenne höchstens 5. (max. 5 Punkte)
11. Wo wird Zucker im Körper gespeichert? (2-4 Punkte)
12. Was ist ein Ballaststoff? (3 Punkte)
13. In welchen Nahrungsmitteln sind Ballaststoffe enthalten? (3 Punkte)
14. Welche Hauptfunktion haben Ballaststoffe? (4 Punkte)
15. Was passiert, wenn man zu viele Kohlenhydrate zu sich nimmt? (3 Punkte)
16. Warum kann es passieren, dass dir nach einer längeren sportlichen Belastung schwindelig wird. (5 Punkte)

17. Woraus bestehen Eiweiße?
18. Welche Funktionen haben Eiweiße? (1-7 Punkte)
19. In welchen Nahrungsmitteln kommen Eiweiße hauptsächlich vor? Nenne maximal 4 (1-4 Punkt)
20. Wo werden Eiweiße gespeichert? (2 Punkte)
21. Was passiert bei Eiweißmangel? (4 Punkte)
22. Warum haben tierische Eiweiße eine höhere biologische Wertigkeit als pflanzliche? (5 Punkte)

23. Nenne ein fettlösliches und ein wasserlösliches Vitamin! (2-4 Punkte)
24. Wofür benötigt man hauptsächlich Vitamin A? (5 Punkte)
25. Wofür benötigt man hauptsächlichen Vitamin D? (5 Punkte)
26. Wofür benötigt man hauptsächlichen Vitamin C? (5 Punkte)

27. Nenne 2 Mengen- und 2 Spurenelemente! (2-4 Punkte)
28. Warum kann es bei Frauen eher zu Eisenmangel kommen? (5 Punkte)
29. Wie kann man Jodmangel begegnen? (5 Punkte)
30. Welche Funktionen hat Calcium im Körper? (1-3 Punkte)